JN187490

おどろき写真ストーリー 2

かわいい！赤ちゃんがいっぱい

かわいい！赤ちゃんがいっぱい

NHK「ダーウィンが来た！生きもの新伝説」

大自然には「伝説」とよんでいいような、おどろきの物語がたくさんねむっています。NHK「ダーウィンが来た！生きもの新伝説」は、日本国内の身近な自然から、世界各地の未知の自然まで、さまざまなおどろきのスクープえいぞうをしょうかいする自然番組です。

本書は、「ダーウィンが来た！」で取りあげられた、世界中の生きものたちのおどろきのスクープえいぞうを、ヒゲじいといっしょに楽しみながら、読むことができる写真ストーリー絵本です。

「ダーウィンが来た！」の新伝説の世界を楽しみながら、自然や生きものへの理解を深めていってください。

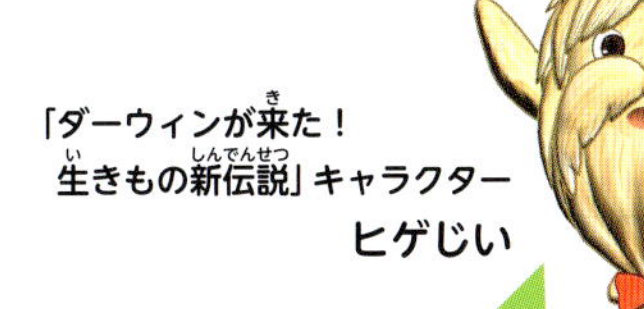

「ダーウィンが来た！生きもの新伝説」キャラクター
ヒゲじい

生きものが大好きですが、くわしいことはあまり知りません。番組の中で、わからないことがあると、「ちょっと、まった～！」と、ところかまわず質問を始めちゃうのがモットー（？）です。

ラッコ

海でプカプカ、ラッコの赤ちゃん！

アメリカ合衆国カリフォルニア州の海岸近くの海には、巨大な海そうがあたり一面に育ち、まるで森のようです。そのゆたかな海そうの森にくらすラッコたちは、赤ちゃんの時からプカプカうかびながらくらしています。

知ってる？ ラッコ

フワフワのぬいぐるみみたいにかわいいラッコは、海でくらす最小のほにゅう類です。ラッコについてどのくらい知っているかな？

海の上にあおむけにういてくらしています。

海にもぐって食べ物をさがします。

石で貝などをわって食べます。

きほんデータ ラッコ

- 体長：約110㎝。
- 分布：アメリカ合衆国カリフォルニア州の太平洋沿岸。

※カリフォルニアラッコの分布です。

- 生息場所：海、海岸。
- 食べ物：魚類、貝類、こうかく類。

ラッコの家は海そうの森

アメリカ合衆国のカリフォルニア州にあるモントレー湾には、大きな海そうが森のように生え、そこにはたくさんのラッコがすんでいます。

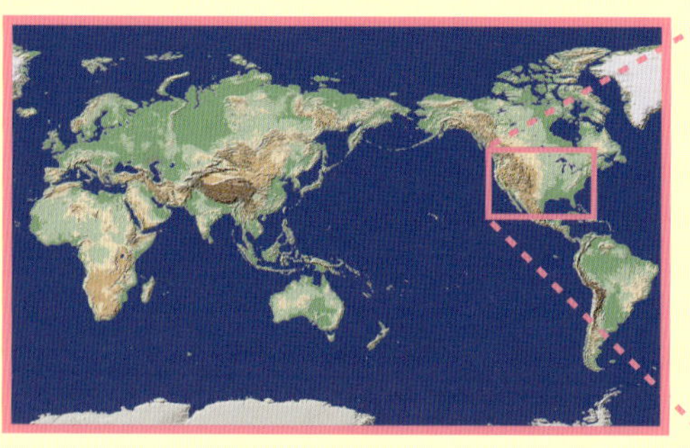

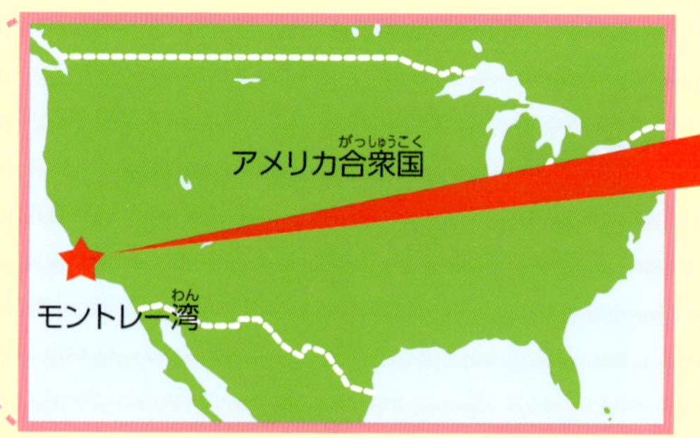

海そうの森には、さまざまな生きものがくらしています。

大きな海そうはジャイアントケルプといいます。ジャイアントケルプは魚のむれのすみかとなっていて、その魚を食べる生きものたちが集まってきます。

ゼニガタアザラシ

カリフォルニアアシカ

海そうの森の海面には、ラッコがプカプカういていました。海にういてくらすほにゅう類は、ラッコだけです。

石で貝をわることができます

ラッコは石を使って、かたい貝などをわって食べることができます。ラッコはとてもめずらしい、道具を使う動物なのです。

大好物は、ごうかな海の幸！

海の上ではのんびりしているラッコも、えものをさがしに海にもぐる時は、とても速く泳ぐことができます。

ラッコの好物は、人間も大好きなウニやカニ、アワビです。ラッコはこのごうかな海の幸を、1日に自分の体重の4分の1、10kgも食べます。

ラッコが1日に食べる量の10kgってどのくらい？

毛ガニなら　25ひき分！

アワビなら　70こ分！

ウニなら　60こ分！

赤ちゃんラッコはママの上

生まれてまだひと月の赤ちゃんラッコの親子です。毎年7月ごろになると、こうしたようすがよく見られます。まだ自分では自由に動けない赤ちゃんは、お母さんラッコのおなかの上で気持ちよさそうです。お母さんのおなかをさぐって、おちちを飲みます。

ラッコの赤ちゃんは、半年ほどお母さんのおちちを飲んで育ちます。

お母さんは、赤ちゃんの毛づくろいで大いそがし。毛づくろいをして、毛皮にたっぷり空気を入れるので、赤ちゃんはひとりでもプカプカうくことができるのです。

1日5時間もかけて毛づくろいをします。毛皮の空気には、冷たい海水から子どもを守る役わりもあります。

ほら、ひとりでもしずまないでしょ。お母さんは食べ物をさがしてくるから待っててね。

お母さん

赤ちゃん

はーい。

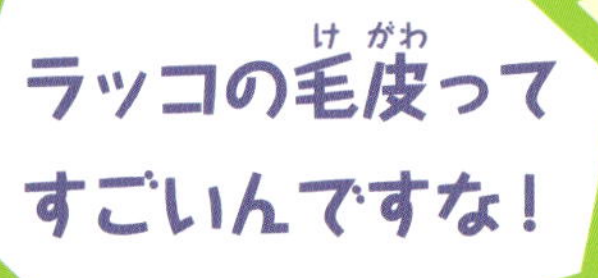

ラッコの毛づくろいは何のため？

A たっぷりの毛のあいだに空気のそうをつくるためです。

ラッコの毛は体毛のまわりに極細の毛が生えている二重こうぞうになっています。1cm四方に15万本も毛が生えています。毛づくろいで極細の毛のあいだに空気をためると、空気のそうができて、冷たい海水がちょくせつ皮ふにふれないのです。

太い毛のまわりに細い毛がいっぱい。

毛づくろいすると

毛のまわりの空気のそうで水が皮ふにふれない。

プカプカ生活はきけんがいっぱい！

少し大きくなった赤ちゃんラッコの親子です。せっかくお母さんにカニをもらいましたが、カモメにとられてしまいました。赤ちゃんラッコはまだ泳ぎが苦手で、カモメにおそわれて死ぬこともあります。プカプカ生活は、それほど安全ではないのです。

子ラッコ、もうすぐひとりだち

ひとりだちの時期が近づくと、お母さんがおちちを飲ませてくれなかったり、食べ物をくれなかったりするようになります。子どもがひとりで生きていけるよう、お母さんはあえて子どもにきびしくせっするのです。

お母さんとのプカプカ生活もあとわずか。お母さんは、たくさんの生きるちえを赤ちゃんに教えます。ひとりだちは、もうすぐです。

もっと知りたい！

ラッコ

ラッコがあおむけでプカプカくらすわけ

大昔、ラッコのそせんは陸上でくらしていましたが、やがて、浅い海に進出していきました。ラッコはもともとイタチの仲間から進化しましたが、クジラなどほかの海のほにゅう類とくらべると、おきに出ることはありませんが、陸にはめったに上がりません。巨大な海そうがしげる浅い海では、あおむけになってくらせば、こきゅうは楽だし、空からのてきを見はれる、むねをテーブルにした食事と子育て、海そうをまきつけてのねむりなど、いいことづくめです。それで、あおむけでくらすようになったのでしょう。

陸でくらしていた。

やがて海に進出した。

こきゅうしやすいようにあおむけに。

石や貝を上手につかめるラッコの前あし

ラッコは、前あしを使って上手に石をつかみ、貝をわったりします。

前あしのうらには、細かいでこぼこがたくさんあります。これがすべり止めになって、石をしっかりつかむことができるのです。貝のちょうつがいの部分が当たるように石にたたきつけたり、力がうまく入るように石をつかみなおしたり、細かな調節も上手にできます。

ラッコの前あしのうら。

アフリカウシガエル

カエル父さん、子育て大ふんとう！

とても大きなカエルのアフリカウシガエルは、バクバクえものを食べて、オスどうしで、はげしいけんかをします。ところが、アフリカウシガエルのオスは、たまごからオタマジャクシがカエルになるまで、子育てをするのです。

知ってる？ アフリカウシガエル

アフリカウシガエルは、日本から遠くはなれたアフリカ大陸にすむカエルです。アフリカウシガエルについてきほん的なことを知っておこう！

とても大きいです。

サッカーボールくらいの大きさがあります。体重は1.4kgにもなります。

たまごやオタマジャクシの時は、雨の季節なので水の中ですごします。

雨がふらない時は土の下でねむっています。

大きな口としたでえものをとります。

きほんデータ アフリカウシガエル

- 体　　長：最大25㎝。
- 分　　布：アフリカ大陸南部。
- 生息場所：草原。
- 食 べ 物：主にこん虫。カエル、トカゲ、ヘビ、ネズミなどを食べることもある。

かわいた草原がカエルのすみか!?

今回観察したアフリカウシガエルは、アフリカ大陸の南のはじ、南アフリカ共和国の草原にくらしています。

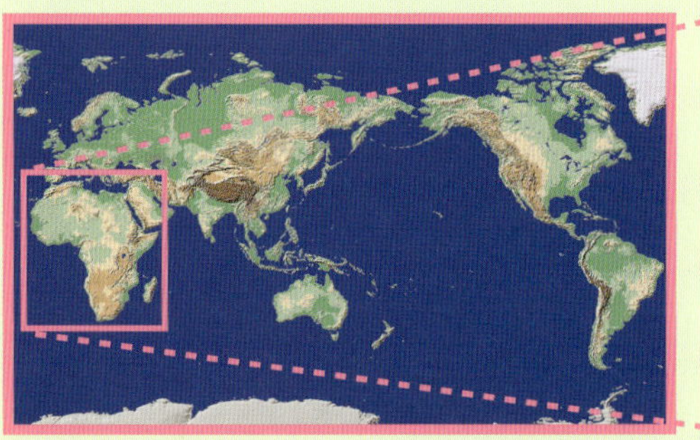

このあたりは、はげしい雨がふる「雨季」と、かんそうしてまったく雨がふらない「かん季」に季節がわかれています。雨季に入ってかんそうした草原に雨がふると、アフリカウシガエルが土の中から出てきます。

アフリカウシガエルは、雨がふらなければ何年も土の中から出てきません。はがれた皮ふや分ぴつえきで、まゆをつくって体をおおい、かわかないようにしているので、飲まず食わずでも生きていけるのです。

えものを
さがしにいくぞ！

10か月もねむって
いたので腹ペコです。

アフリカウシガエルは大食らい！

サッカーボールほどもある大きなアフリカウシガエルは、たくさん食べなくてはいけません。長いしたで、いろいろなえものをつかまえます。

したはネバネバしていて、えものをくっつけてとらえます。

アフリカウシガエルの大バトル！

　はげしい雨が続き、草原に、まわりの長さが数百mにもなる、巨大な水たまりができました。そこにアフリカウシガエルが大集合します。オスがのどをふくらませて低い声で鳴き、メスへのラブコールを始めます。

オスたちのはげしいけんかが始まりました。強いオスは、より多くのメスとはんしょくできるので、ほかのオスを追いはらって自分のなわばりをつくります。

カエルなのに、かむの？

A アフリカウシガエルはかみます。アフリカウシガエルの下あごには、きばのような部分があります。このきばのような部分を相手につきたて、さらに、びっしりならんだ上あごの歯でかみつきます。

ウシガエルのように、しっかり歯のあるカエルはめずらしいのです。

カップル成立！新しい命が!!

いちばん強いオスに、メスが近よってきました。メスはオスの半分ほどの大きさです。はんしょく活動を終えると、メスは4000こ以上のたまごを産みます。

メスが産んだたまごです。

メスは、たまごを産むといなくなってしまいます。カエル父さんは、じっとたまごを見守ります。早くも2日後には、たまごからオタマジャクシがふ化しました。

2日後

オタマジャクシが生まれました！

水たまりは、またすぐにひあがって、もとの草原にもどってしまいます。そのため、たまごは早くふ化して早くカエルにならなければいけません。日本のカエルでは、ふつうふ化までに1週間くらいかかるのに、アフリカウシガエルはふ化までわずか2日です。

きけんからオタマジャクシを守れ！

カエル父さんが場所をうつすと、オタマジャクシのむれもついていきます。浅くて水温が高い所や、食べ物が多い所へ動きつづけます。でも、水たまりにはきけんがいっぱい。ウシがオタマジャクシをふみそうになると、カエル父さんは、自分の何倍もの大きさのウシに頭つきをして、追いはらいます。

お父さんヘビも丸ごと食べてしまうんだ！

Q なぜ、池などでなく、水たまりで子育てするの？

A つねに水がある池には、大きな肉食の魚がいるからです。

アフリカウシガエルの生息地近くの池には、たいていナマズなどの大型の肉食の魚がいて、いくら強いアフリカウシガエルのオスでも、オタマジャクシを守りきれません。だから、水たまりで子育てをするのです。

池にすむ大きなナマズ。

太陽が照りつけ、オタマジャクシの水たまりが、ひあがりそうになりました。するとカエル父さんは土をほって、近くの大きな水たまりから、水路をつくって水を引きいれ、オタマジャクシを助けました。

お父さんのおかげで、りっぱなカエルのすがたに！

生後３週間で、オタマジャクシには後ろあしが生えてきました。さらに１週間後にはカエルのすがたに成長しました。

もっと知りたい！

アフリカウシガエル

アフリカウシガエルの巣あな。
雨季でも毎日巣あなにもどります。

アフリカウシガエルの巣は土の中

アフリカウシガエルは、かん季はあなの中で何も食べずにねむってすごします。かん季が終わり、雨季に入ると、あなから出てきて、オスとメスが出会ったり、たまごを産んだり、はんしょく活動をします。

朝、土の中から出るアフリカウシガエル。

日本のウシガエル（食用ガエル）はアメリカ合衆国が原産

日本にもウシガエルの仲間がすんでいます。日本のウシガエルは、食用にするため1918（大正７）年にアメリカ合衆国から日本に持ちこまれました。味はとり肉ににて、食用ガエルともよばれます。体長11～18cm、体重600gにもなる大型のカエルです。

しかし、日本では、カエルを食べることは、あまり広まりませんでした。養しょくされていたウシガエルがにげだして野生化し、各地でふえています。

ウシガエル

カンムリウミスズメ

生まれたて！ ひなの大ぼうけん!!

カンムリウミスズメは一生のほとんどを海の上でくらす海鳥です。陸に上がるのは、たまごを産み温める時だけです。たまごから生まれたひなは、次の日にはもう海を目ざして、ぜっぺきからとびおりるのです。

知ってる？ カンムリウミスズメ

カンムリウミスズメは生息数が少なく、国の天然記念物に指定されています。観察がむずかしく、わかっていないことも多い鳥です。

1日中、海の上でくらしています。

陸に上がるのは1年に1回、たまごを産む時だけです。

泳ぐのが得意です。

海の中で羽を使って、まるで飛ぶようなかっこうで泳ぎ、小魚などのえものを追います。

空を飛ぶのは苦手です。

羽は短く、海面近くをすれすれに飛ぶことはできますが、長いきょりを飛んだり、空高く飛んだりするのは苦手です。

きほんデータ カンムリウミスズメ

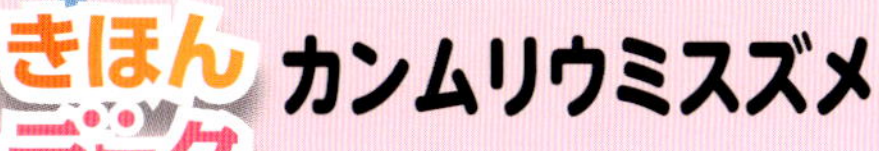

- 体　長：約24cm。
- 分　布：日本近海。九州の枇榔島、伊豆諸島などではんしょくし、おもに九州より北の本州周辺で冬をこす。
- 生息場所：海上。
- 食べ物：小魚、プランクトン、こうかく類など。

深夜、親鳥が島に上陸します！

今回観察したカンムリウミスズメは、1年に1度、宮崎県の枇榔島でたまごを産みます。

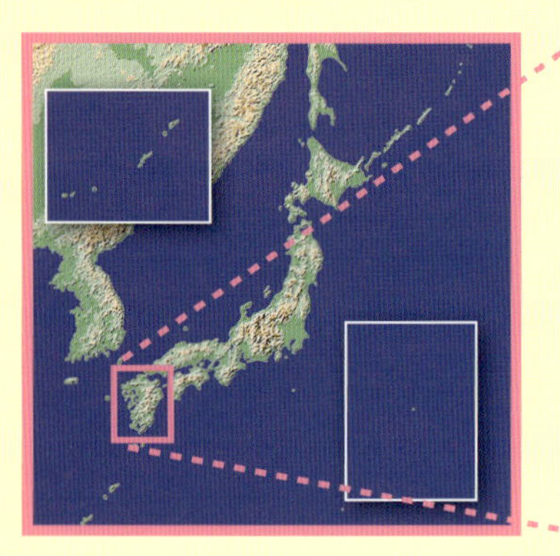

周囲1.5kmの無人島です。

4月の深夜、島のまわりにカンムリウミスズメが集まり、よたよたと飛びながら島に上陸しました。オスとメスのペアが岩のすきまに巣をつくり、たまごを2つ産みました。

カンムリウミスズメは、たまごを一度に2つ産み、オスとメスが交代で、たまごを温めます。

ひなは、生まれてすぐに巣立ち！

生まれた次の夜、巣から親鳥と2羽のひなが出てきて、すぐに海を目ざします。生まれてたった1日で、もう巣立ちです。

スズメやハトなどでは、巣立ちまでに2週間はかかります。

A ハヤブサやカラスなどの天てきに見つかりにくいからでしょう。

昼間では天てきにすぐに見つかってしまいます。しかし、ハヤブサやカラスは、夜には活動しないので、夜に行動するほうが安全なのです。

ひなが、ぜっぺきからとびおりる！

親鳥は一足先に海へ飛んでいきましたが、生まれて1日のひなは飛ぶことができません。親鳥のあとを追いたいのですが、目の前には、10mも落ちこんだがけが立ちはだかります。海からよぶ親鳥の鳴き声を聞いたひなは、このぜっぺきをとびおり、岩にぶつかりながら転げおちていきました。

ぜっぺきの上で動かないひな。

海からよびつづける親鳥。

ひながとびます！

落ちていくひな

ぜっぺきの高さは10m。

がけを転げおちることを何度もくりかえして、ひなは親鳥が待つ海を目ざします。

なぜ、ひなは、がけから落ちても平気なの？

A 体が、スポンジのボールのように軽くて、ふわふわした毛におおわれているからです。しょうげきが少ないので、がけから落ちても、けがはしないのです。

同じ大きさのスポンジのボールと同じ重さ。

体はふわふわの毛でおおわれている。

せっかくとびおりたのに、ひなは岩のくぼみに入りこんでしまい、何度ジャンプをしても出られません。つかれたのか、ひなはあきらめたように動かなくなってしまいました。その時です。親鳥のよび声が聞こえてきました。よび声を聞いたひなは、今度は岩をよじのぼり、くぼみからぬけだすことができました。

あれる海が目の前に！ 最後のジャンプ!!

ついにひなは、海の目の前までたどりつきました。がけの下では、波があれくるうようにうちよせています。それでもひなは最後のジャンプをして、海にとびこみました。

この黒い点がとびこんだひな。

こんなあれた海に
とびおりるなんて、
びっくりですな！

波にもまれながら、ひなは必死に親鳥をさがします。ひなは親鳥の声がどこから聞こえてくるのかがわかるのです。ようやく1羽のひなが親鳥と会うことができました。

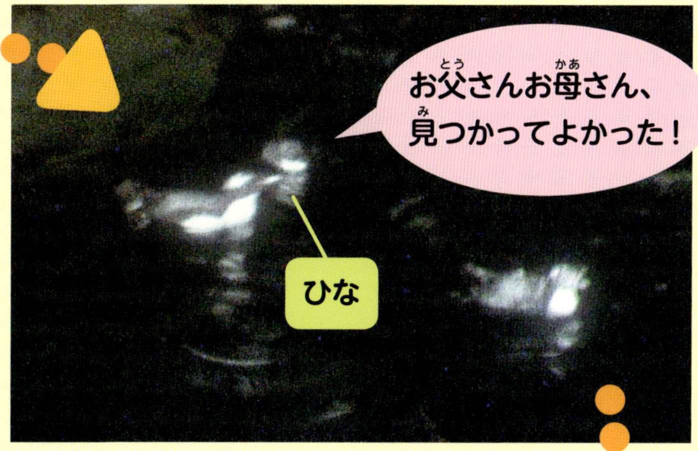

ひなは2羽。ぶじに全員そろいました。すぐに親子4羽はおきに向かいます。

ひなが見つからないことも！

別の親鳥たちのひなが1羽見つかりません。いくら待っても、自分たちの所にもう1羽のひながもどることはありませんでした。

夜明け前、しかたなく、親鳥たちはひな1羽だけをつれて、島をはなれていきました。

島からはなれ、おきに出ました！

太陽がのぼるころには、家族みんなで島から遠ざかることができました。天てきにおそわれるきけんもなくなり、ひと安心です。

もっと知りたい！

カンムリウミスズメ

Photo by ©Tomo.Yun (http://www.yunphoto.net)

カンムリウミスズメの名前のいわれ

カンムリウミスズメは、頭にかんむりのような羽根があることから、その名前がつけられました。カンムリカイツブリやカンムリヅルといった鳥たちも、同じ理由から名前に「カンムリ」がつけられています。

ペンギンの羽は泳ぐには便利ですが、空を飛ぶことはできません。

水の中を「飛ぶ鳥」の仲間

ペンギンが水の中を飛ぶように泳ぐすがたは、カンムリウミスズメが泳ぐすがたと、よくにています。

そのほかにも、水の中にもぐって、魚をとる鳥に、エトピリカやウミガラスなどがいます。

魚をくわえたエトピリカ。カンムリウミスズメと近い種で、水中にもぐって魚をとります。

ニホンザル

きびしい冬をこす！“ハギおばあちゃん”のちえ

青森県下北半島のニホンザルは、世界中のサルの仲間の中で最も北にすむサルです。赤ちゃんザルもきびしい冬にたえて成長します。そんな「北限のサル」のむれを“ハギおばあちゃん”とよばれる、長生きザルのちえが助けます。

雪の中のニホンザルの赤ちゃん

知ってる？

ニホンザル

ニホンザルは日本だけにすんでいます。その一部は天然記念物に指定されています。ニホンザルについてどのくらい知ってるかな？

みんなといっしょに、むれでくらします。

木の実、葉っぱ、キノコ、貝などいろんなものを食べます。

サルの仲間のうち、世界一北でくらしています。

下北半島のニホンザルは「北限のサル」として国の天然記念物に指定されています。

きほんデータ　ニホンザル

- 体　長：47～60㎝。
- 分　布：北海道と沖縄県をのぞく、日本全国。
- 生息場所：山地、森林。
- 食べ物：葉、果実、種、木の皮、こん虫など。

冬の寒さはつらい！

下北半島のニホンザルは、冬、深い雪におおわれた森できびしい寒さにたえます。

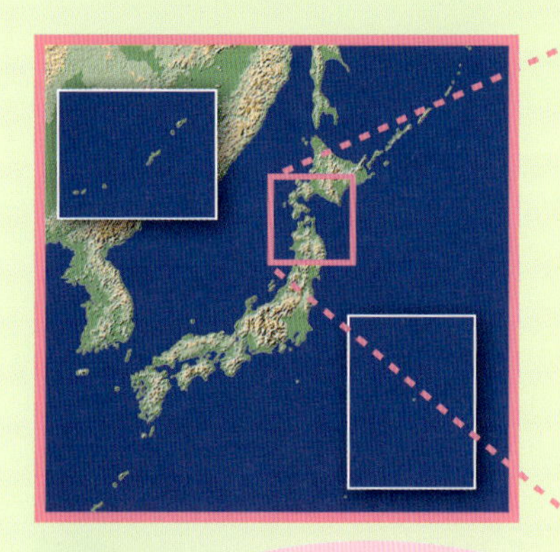

冬は食べ物が少ない！ 食べられるのは……

赤ちゃんのぼくには
木の皮はかたいんだ。

寒さから身を守れ！

寒さから身を守るポイントは、毛が生えていない、あしのうらを守ること。少しでも雪にふれないよう、あしがむきだしにならないように工夫します。

1ぴきだけだと寒いけど、みんなで集まって「サルだんご」をつくれば、さらにあたたかくなります。

毛づくろいが、むれをつなぎます

ニホンザルは、かわりばんこに毛づくろいをして仲間意しきを深めます。むれは毛づくろいでつながっているので、「ボスザル」が力でむれをおさえつけることはありません。

長い時間、毛づくろいをしてすごします。

Q むれに「ボスザル」はいないの？

A いちばんどうどうとして、はばをきかせているオスザルはいても、そのオスザルが、むれの全員をしたがえているわけではありません。

ニホンザルのむれは、きほん的にメスの家族の集まりで、オスは数年で親元をはなれます。ほかのむれに入り、けいけんを重ねて、多くのメスにたよられるようになると、むれでいちばんはばをきかせるオスザルがあらわれます。しかし、だからといって、そのオスザルにむれの仲間全員がつねにしたがうわけではないことが、最近の研究でわかってきました。

“ハギおばあちゃん”のくらし

人びとから“ハギおばあちゃん”とよばれる30さい以上のメスザルがいます。むれでいちばん、としをとったサルです。寒さのきびしい日でも、ハギはひとりでいます。

人間だったら100さいをこえている、という専門家もいます。

ハギは、むすめのムギ以外には毛づくろいをさせません。ハギには毛づくろいのお返しをするだけの体力がなく、ムギならお返しをしなくてもゆるしてくれるからです。

むすめのムギは23さい、人間ならおよそ70さいですから、むすめも、もうおばあちゃんです。ハギはムギ以外のサルが来ると、にげてひとりになってしまうのです。

ハギおばあちゃんが向かう先は？

ハギがひとりでどこかへ向かいます。気づいたムギがハギを追いかけると、今度はむれも2ひきを追いかけはじめました。

むれも2ひきを追いかけます。ニホンザルには、仲間についていく、というしゅうせいがあるのです。

ハギは残っていた木の実をさがしにきたのでした。ハギは長年のちえで、どこに食べ物があるか知っているのです。

ハギについてきた仲間たちも、木の実にありつくことができました。子ザルも木の実をほおばります。

ハギおばあちゃん、今度は海辺へ

サルたちはハギについて、雪のふる海辺に来ました。ハギが石をひっくりかえすと、石のうらには小さな貝がくっついていました。

カサガイという貝の仲間です。

おとなのサルが貝をとっているなか、赤ちゃんザルには貝のとりかたがわからないようです。お母さんザルのまねをして、石をひっくりかえします。

赤ちゃんザルも
こうして成長して
ゆくんですな。

春、ハギおばあちゃんに変化が……

3月、やっと春が近づいてきました。日ざしのなか、ハギも気持ちよさそうです。

ハギが自分から子ザルに近づいていきました。あたたかくなり、ハギおばあちゃんも仲間と交流する元気が出てきたようです。

また雪だよ。
わたしのせなかに
くっつきなさい。

長生きした
おばあちゃんのちえ。
むれのたからですな！

もっと知りたい！

ニホンザル

温泉に入るサル　スノーモンキー

長野県の地獄谷温泉には、冬になると、ニホンザルのむれがやってきて、温泉につかっていきます。

このめずらしい光景を見に、世界中から観光客がやってきます。ここのサルたちは英語で「スノーモンキー」とよばれて、親しまれています。

長野県の地獄谷温泉につかるニホンザル。

里に下りる　ニホンザル

山に食べ物が少なくなってくると、ニホンザルは里などに下りてくることがあります。里にやってくると、農作物を食べたり、人間が手に持っている食べ物をうばってけがをさせてしまったり、めいわくをかけたりすることがあります。そんなサルを山に追いかえす役目をはたす犬がいます。犬たちは「モンキードッグ」とよばれています。

モンキードッグ

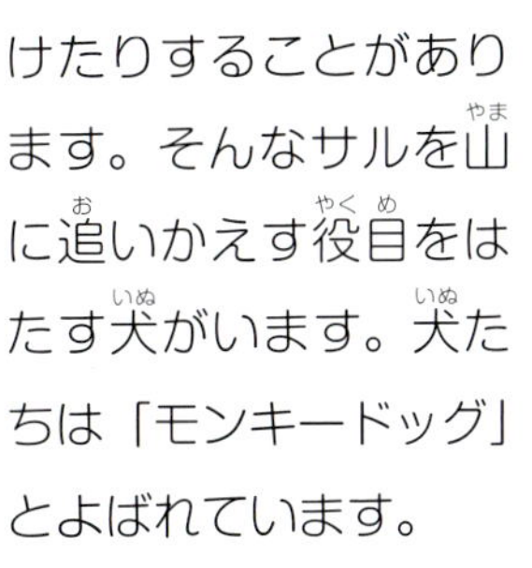

人里にあらわれたニホンザル。

サルにかじられたダイコン。

コラムいちらん

本文の中でとりあげてきた「Q＆A」と「もっと知りたい！」をまとめていちらんにしました。

Q＆A

もっと知りたい！

さくいん　この本に出てくる主要な語（50音順）

＊太字はくわしく解説しているページ

校閲………………今泉忠明　動物科学研究所所長
写真提供…………アフロ●ゲッティイメージズ●ピクスタ●フォトライブラリー
©Tomo.Yun (http://www.yunphoto.net)
イラスト…………中原武士
デザイン…………有限会社チャダル、Studio Porto
編集協力…………松岡史朗
NHKエンタープライズ
編集………………株式会社アルバ

NHKダーウィンが来た！生きもの新伝説
おどろき写真ストーリー2
かわいい！赤ちゃんがいっぱい

発　行　2015年4月　第1刷 ©

編　者　NHK「ダーウィンが来た！」番組スタッフ
©2015　NHK

発行者　奥村傳
編　集　森田礼子
発行所　株式会社ポプラ社
〒160-8565　東京都新宿区大京町22-1
振替　00140-3-149271
電話　03-3357-2212（営業）
03-3357-2216（編集）
0120-666-553（お客様相談室）
FAX　03-3359-2359（ご注文）
ホームページ　http://www.poplar.co.jp/
印刷・製本　図書印刷株式会社
N.D.C.480/47P/27×22cm　ISBN 978-4-591-14324-7
Printed in Japan

落丁・乱丁本は、送料小社負担でお取り替えいたします。ご面倒でも小社お客様相談室宛にご連絡ください。
受付時間は月～金、9：00～17：00（ただし、祝祭日は除く）。
読者の皆さまからのお便りをお待ちしております。いただいたお便りは編集局から編者・執筆者へお渡しします。

NHK「ダーウィンが来た!」
番組スタッフ編

小学低・中学年向き　各巻47ページ　N.D.C.480　AB判　オールカラー　図書館用特別堅牢製本図書

❶ スゴわざ！
えものとり名人

N.D.C.480

❷ かわいい！
赤ちゃんがいっぱい

N.D.C.480

❸ はくりょく！
大きな生きもの

N.D.C.480

❹ 守ろう！
絶滅のおそれのある
生きもの

N.D.C.480

❺ ふしぎ！
身近な生きものの
くらし

N.D.C.480

❻ びっくり！
生きものたちの
巨大なむれ

N.D.C.480